Bibliografische Information der Deutschen Nationalbibliothek:

Die Deutsche Bibliothek verzeichnet diese Publikation in der Deutschen Nationalbibliografie; detaillierte bibliografische Daten sind im Internet über http://dnb.d-nb.de/ abrufbar.

Impressum:

Druck und Bindung: Books on Demand GmbH, Norderstedt Germany
ISBN: 9783668920378

Dieses Buch bei GRIN:

https://www.grin.com/document/461846

Michel Felgenhauer

Wirbelschleifen, das Gesetz von Biot und Savart und komplexe Potentiale

GRIN Verlag

Über Wirbelschleifen, das Gesetz von Biot und Savart und komplexe Potentiale

Bei Beobachtungen von Orbitalströmungen taucht die Frage auf, welchen Beitrag die durch eine Wirbelströmung induzierte Geschwindigkeit zum Gesamtgeschwindigkeitsfeld der untersuchten Strömungswirklichkeit beiträgt. Bei ebenen und Wirbelfreien Strömungen lässt sich das Vektorfeld der Geschwindigkeit aus dem Skalarfeld herleiten. Dieses Feld ist die Potentialströmung. Aber gilt die Potentialtheorie auch für Wirbelschleifen?
Der Aufsatz geht der Frage nach, ob Geschwindigkeitsfelder um deformierte Wirbelschleifen behandelt werden dürfen wie eine konzentrische Strömung und ihr komplexes Potential.

Michel Felgenhauer im März 2019

In observations of orbital flows, the question arises as to what contribution the velocity induced by a vortex flow contributes to the overall velocity field of the flow reality investigated. For plane and eddy-free flows, the vector field of velocity can be derived from the scalar field. This field is the potential flow. But is the potential theory also valid for vortex loops?
The paper explores the question of whether velocity fields around deformed vortex loops can be treated like a concentric flow and its complex potential.

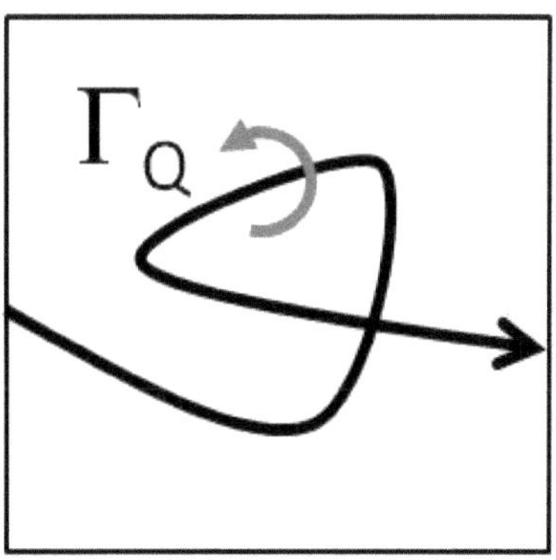

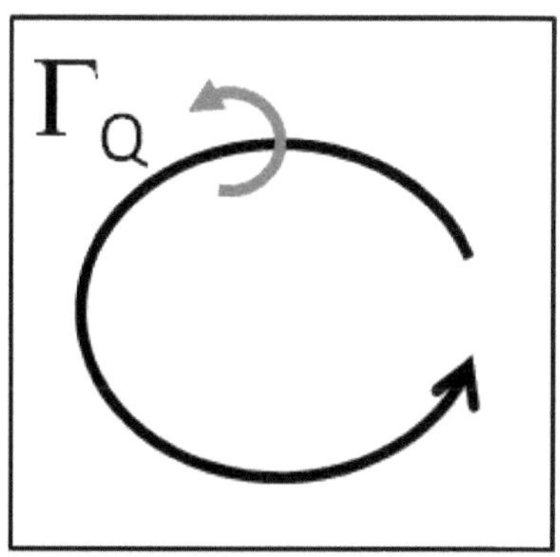

Intro: Geschwindigkeit und Strömungsfeld. Die zu einem Wirbelfaden gehörige Strömung ist, bis auf den Wirbelfaden selbst wirbelfrei. Ist der Wirbelfaden gerade, sprechen wir von einem Potentialwirbel. Eine Strömung kann durch ihr Geschwindigkeitsfeld beschrieben werden und eine Wirbelströmung durch ihr Wirbelfeld. Geschwindigkeitsfeld und Wirbelfeld hängen physikalisch zusammen. Bei der Betrachtung von Geschwindigkeitsfeld und Wirbelfeld taucht ein aus der allgemeinen Feldtheorie stammendes und in der Elektrodynamik geläufiges Gesetz auf. Ist das Geschwindigkeitsfeld bekannt, kann mit den Beziehungen von Biot und Savart[1] das Wirbelfeld berechnet werden. Die Differentiation des Geschwindigkeitsfeldes (Bildung der Rotation) ist genau das Wirbelfeld. Gleichsam kann man das Geschwindigkeitsfeld aus dem Wirbelfeld berechnen. Die Integration des Wirbelfeldes ist das Geschwindigkeitsfeld. Die Integration des (fluidmechanischen) Wirbelfeldes entspricht der Anwendung des Gesetzes von Biot und Savart auf eine fluidische Strömung.
Der Ansatz nach Biot und Savart wird in der Literatur gerne als Alternative zum potentialtheoretischen Ansatz benannt. Der nachfolgende Aufsatz möchte zeigen, dass beide Herangehensweisen nur spezielle Ausführungen einer gemeinsamen Feldtheorie sind. Das hat den Vorteil, dass die Verfahren voneinander profitieren immer dann, wenn nicht das Trennende der Methoden hervorgehoben wird. Wie so oft im Leben.

Wirbel beschreibende Parameter

Die Zirkulation Γ bezeichnet die Stärke eines (beispielsweise um eine Tragfläche kreisenden) Wirbels, bzw. den Beitrag des Ringintegrals der Zirkulationsgeschwindigkeit v_Γ über die Weglänge s_Γ. Bei einem starren Wirbel herrscht eine konstante Winkelgeschwindigkeit ω_W und an einem beliebigen Abstand r die Tangentialgeschwindigkeit v_{TW}.

Aus der Integration des Linienintegrals folgt:

Zirkulation	$\Gamma = v_\Gamma \cdot s_\Gamma$	$[m^2 s^{-1}]$
Zirkulationsgeschwindigkeit	v_Γ	$[ms^{-1}]$
Weglänge	s_Γ	[m]
Winkelgeschwindigkeit	ω_W	$[s^{-1}]$
Tangentialgeschwindigkeit	$v_{TW} = r \cdot \omega$	$[ms^{-1}]$
Dichte	ρ	$[kg\ m^{-3}]$
Geschwindigkeit (Fernfeld)	v, vue	$[m\ s^{-1}]$
Infinitisimaler Winkel	$d\beta$	[°, rad]
Mit Ringintegral (über Kreis)	$\int l\ ds = 2\pi r$	[m]
Tangentialgeschwindigkeit	$v_T = r\omega$	$[ms^{-1}]$

Man unterscheidet weiterhin Potentialwirbel, sie besitzen einen Geschwindigkeitsgradienten im ferneren Feld sowie Rankine-Wirbel, die ein Modell der Superposition von starrem Wirbel und Potentialwirbel sind. Mit der Zirkulation und dem Ringintegral der Zirkulations-

[1] Das Biot-Savart-Gesetz beschreibt das Magnetfeld bewegter Ladungen. Es stellt einen Zusammenhang zwischen der magnetischen Feldstärke H und der elektrischen Stromdichte J her und erlaubt die Berechnung räumlicher magnetischer Feldstärkenverteilungen anhand der Kenntnis der räumlichen Stromverteilungen. Hier wird das Gesetz als Beziehung zwischen der magnetischen Flussdichte B und der elektrischen Stromdichte J behandelt. https://de.wikipedia.org/wiki/Biot-Savart-Gesetz

geschwindigkeit über die Weglänge s, kann die Auftriebskraft F_A eines Flügels mit der Spannweite sp angegeben werden. Betrachten wir die handliche Formulierung der Zirkulation um einen Tragflügel; nach Kutta-Joukowski[2] folgt:

Auftrieb (Lift) $L = \Gamma \cdot \rho \cdot v \cdot sp$ [N] aus [$m^2 s^{-1}$ kg m^{-3} m s^{-1} m], [kg m s^{-2}]
es gilt: $L = c_L \cdot A \, ½ \cdot \rho \cdot v^2$ [N] aus [m^2 kg m^{-3} $m^2 s^{-2}$ m], [kg m s^{-2}]
und ebenso: $\Gamma \cdot \rho \cdot v \cdot sp = c_L \cdot A \, ½ \cdot \rho \cdot v^2$ [N]
.. vereinfachen wir die Terme:

$$\Gamma \cdot s = ½ \, c_L \cdot A \cdot v$$
$$\Gamma = ½ \, c_L \cdot A / sp \cdot v$$
$$\Gamma = ½ \, c_L \cdot (t \cdot s)/ sp \cdot v \qquad [m^2 m^{-1} m s^{-1}], [m^2 s^{-1}]$$

Zirkulation nach Kutta-Joukowski $\Gamma = ½ \, c_L \cdot t \cdot v$ **[$m^2 s^{-1}$]**

Damit ist eine Form für die Zirkulation aus der Umströmung einer Störkontur hergeleitet. Wir berechnen die Zirkulation Γ einfach und immer dann, wenn wir die Strömungswirklichkeit $v=vue=f(\underline{vue}_x, vue_{y,})$ am Entstehungsort kennen. Dort sind weitere lokale Abhängigkeiten zu beachten, nämlich die Richtungsabhängigkeit des Auftriebskoeffizienten und geometrische Parameter, etwa die (Tragflügel-) Tiefe t der wirbelerzeugenden Störkontur.

Vektorielle lokale Geschwindigkeit: $\underline{v_i} = v_i \,(v_{iH}, v_{iV}) = \Gamma \,\underline{(vue_H}, vue_{V,} c_L, t\underline{)} \;/\; (2 \pi \,\underline{r}(r_H, r_V\underline{)}\,)$

Wirbelströmungen und zum Gesetz von Biot und Savart

Die zu einem Wirbelfaden gehörige Strömung ist wirbelfrei; bis auf den Wirbelfaden selbst. Derartige Strömungen sind superponierbar.
Eine Wirbelströmung kann sowohl durch das Geschwindigkeitsfeld beschrieben werden als auch durch das Wirbelfeld. Wirbelfeld und Geschwindigkeitsfeld hängen zusammen. Ist erst einmal das Geschwindigkeitsfeld v bekannt, kann man daraus das Wirbelfeld berechnen. Die Berechnung erfolgt durch eine Differentation (später mit Moor'schen Verfahren?), der Bildung der Rotation. Die Annahme ist nun, dass umgekehrt das Geschwindigkeitsfeld aus dem Wirbelfeld durch Integration gewonnen werden kann. Die Umkehrung der Gleichung Ω=rot v nennt man das Gesetz von Biot und Savart.

Wir betrachten die Wirbelstärke an einem beliebigen Punkt des Strömungsfeldes und wissen über die Superponierbarkeit von Geschwindigkeitsbeiträgen. Welchen Beitrag leistet die Wirbelstärke an diesem Punkt, den Quellpunkt Q zur Geschwindigkeit an einem anderen beliebigen Punkt im Strömungsfeld, dem Aufpunkt P. In unseren Argumentationen taucht immer wieder die Formulierung auf, dass die Wirbelstärke im Quellpunkt Q, an einem

[2] Der Satz von Kutta-Joukowski beschreibt die Proportionalität des dynamischen Auftriebs zur Zirkulation.

anderen Ort, dem Aufpunkt P, einen Teil der dortigen Geschwindigkeit „induziert". An dieser Stelle im Dialog erfolgt die immer flehend vorgetragene Bitte der Strömungsmechaniker, für diese aus der Elektrotechnik unverstanden gebliebene Formulierung der induzierten elektrischen Spannung, beispielsweise bei einer Zündspule für Mopedmotoren, eine sinnfällige Analogie in der Strömungsmechanik beizutragen, vergebens.

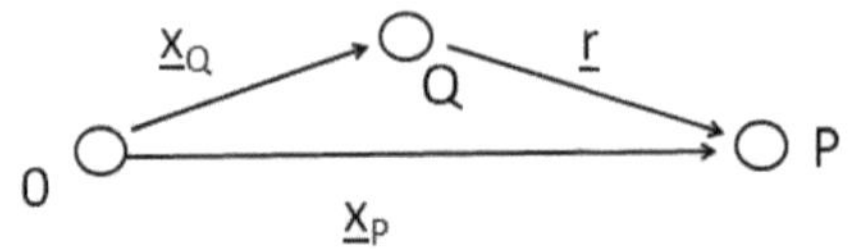

Die Wirbelstärke Ω im Quellpunkt Q induziert am Aufpunkt P, einen Teil der dortigen Geschwindigkeit. Die Geschwindigkeit im Aufpunkt ist die Summe der Beiträge der Induktionswirkung aller Quellpunkte im Strömungsfeld. Allerdings verschwindet an manchen Quellpunkten die Wirbelstärke.

$\underline{x}_Q$ ist der Ortsvektor zum Quellpunkt Q

$\underline{x}_P$ ist der Ortsvektor zum Aufpunkt P

$\underline{r}$ ist der Vektor vom Quellpunkt Q zum Aufpunkt P

$\underline{r} = \underline{x}_P - \underline{x}_Q$ somit $\underline{r} = ((\underline{x}_P - \underline{x}_Q)^2 + (\underline{y}_P - \underline{y}_Q)^2 + (\underline{z}_P - \underline{z}_Q)^2)^{1/2}$

Bis auf den Wirbelfaden selbst ist die zu einem Wirbelfaden gehörige Strömung wirbelfrei. Der Wirbelfaden „windet" sich um die Erzeugendenpunkte. Wir suchen nachfolgend den Zusammenhang zwischen der Geschwindigkeit $\underline{v}(\underline{x}_P)$ in einem Aufpunkt P und der (erzeugenden) Wirbelstärke $\Omega(x_Q)$ in allen Quellpunkten Q.

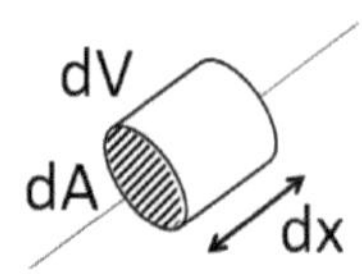

Das Ziel der Untersuchungen ist die von einer singulären WirbelfadenSchleife induzierte Geschwindigkeit in einem Strömungsfeld. Dazu untersuchen wir ein infinitisimal kleines Stück des Wirbelfadens in einem inkompressiblen Fluid. Dieses kleine zylinderförmige Wirbelfadenelement habe die Länge dx (bzw. ds), die Querschnittsfläche dA und das Volumen dV=dA dx. Wir wissen, dass sich die Wirbelstärke Ω eines infinitisimal kleinen Stücks des Wirbelfadens im Quellpunkt zu der induzierten Geschwindigkeit v_i in einem beliebigen Aufpunkt linear verhält, also: $dv_i \sim \Omega\, dA$.

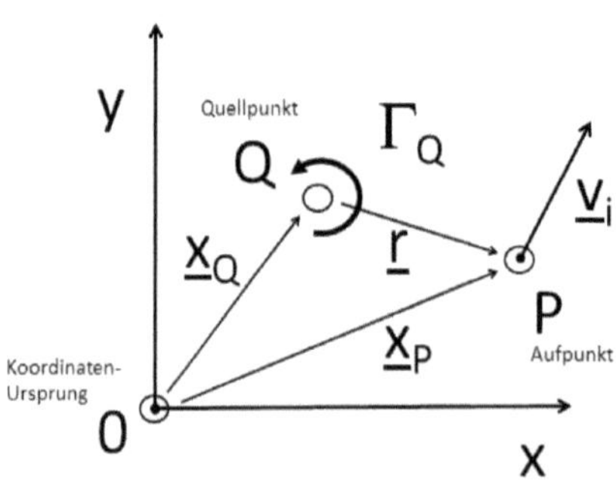

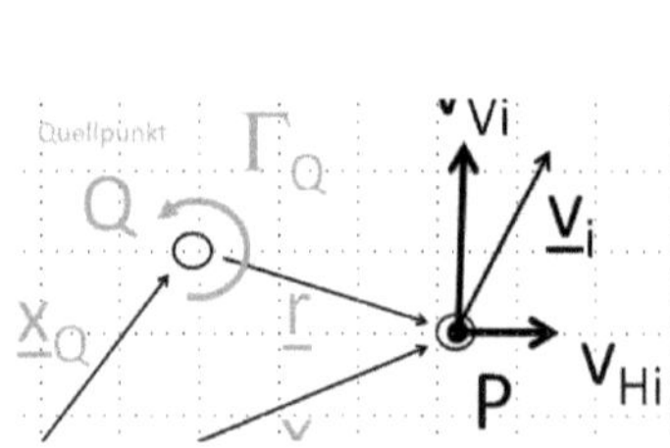

Wir sehen in der Abbildung umseitig: Das Wirbelfadenelement an einem beliebigen Punkt Q im Strömungsfeld (mit dem Koordinatenursprung (0,0) und Aufpunkt P, an dem die induzierte Geschwindigkeit vi untersucht wird (links im Bild). Die induzierte Geschwindigkeit v_i mit ihrer horizontalen und vertikalen Komponente.

Das Biot-Savart'sches Gesetz[3] in differentieller Form lautet:

$$dv = (\Gamma/4\pi) \cdot (ds \times \underline{r})/\underline{r}^3$$

Für den besonderen Fall, dass der Vektor r orthonormal auf der (theoretisch unendlich langen) Linie S des Wirbelfadens steht und damit die Geschwindigkeit dv im Punkt P in einem nunmehr senkrechten Abstand zum Wirbelfadenelement induziert wird, liefert die Integration des Biot-Savart'schen Gesetzes aus der differentieller Form die einfache Beziehung:

$$\underline{v}_i = \Gamma/2\pi\, \underline{r}$$

Die induzierte Geschwindigkeit ist ein Vektor. Die Zirkulation ist, was die Systemströmung v_{UE} betrifft eine Variable Größe, weil sie eine Funktion der Strömungsrichtung ist. Im ebenen Fall verschwinden die Z-Komponenten des Abstandsvektors $\underline{r} = \underline{x}_P - \underline{x}_Q$. vereinfacht sich der (orthogonal auf den Wirbelfaden) Vektor: $\underline{r}=((\underline{x}_P-\underline{x}_Q)^2+(\underline{y}_P-\underline{y}_Q)^2)^{1/2}$
Die induzierte Geschwindigkeit hat die hat ihrerseits eine vertikale (y-) und eine horizontale x-Komponente, also:

$$v_i\ [v_{iH}, v_{iV}] = [v_i \sin a,\ v_i \cos \alpha]$$

Und außerdem sind die Abhängigkeiten: $\underline{v}_i = v_i\,(v_{iH}, v_{iV}) = \Gamma\,(\underline{vue}_H, vue_V, c_L, t) / (2\pi\, \underline{r}(r_H, r_V))$

Dieserart finden wir eine Form für die vektorielle induzierte Geschwindigkeit:

horizontale x-Komponente: $v_{iH} = v_i = \Gamma \quad -(y_P - y_Q) / ((\underline{x}_P - \underline{x}_Q)^2 + (\underline{y}_P - \underline{y}_Q)^2)/ 2\pi$
vertikale y-Komponente: $v_{iV} = v_i = \Gamma \quad (x_P - x_Q) / ((\underline{x}_P - \underline{x}_Q)^2 + (\underline{y}_P - \underline{y}_Q)^2)/ 2\pi$

In der Ebene mit dem Abstand $\underline{r} = \underline{x}_P - \underline{x}_Q$ bzw. $\underline{r} = ((\underline{x}_P - \underline{x}_Q)^2 + (\underline{y}_P - \underline{y}_Q)^2)^{1/2}$

Die induzierte Geschwindigkeit $\underline{v}_i$ und ihre Komponenten in der euler'schen (x,y)-Ebene:
horizontale x-Komponente v_{Px}: $v_{iH} = v_i \sin \alpha$ mit $\sin \alpha = (y_P-y_Q) / r$
vertikale y-Komponente v_{Py}: $v_{iV} = v_i \cos \alpha$ mit $\cos \alpha = (x_P-x_Q) / r$

Wo stehen wir jetzt? (1) Das Generieren eines Wirbelfadens gelingt. Wir besitzen eine langestreckte, stabile Wirbelstruktur. Die Wirbelspur habe die physikalische Qualität Γ. Außerdem kann die Wirbelspur beliebige Bahnen annehmen. Eine krumme Wirbelspur

[3] Das Biot-Savart-Gesetz stellt (in der Elektrodynamik) einen Zusammenhang zwischen der magnetischen Feldstärke und der elektrischen Stromdichte her und erlaubt die räumliche Berechnung magnetischer Feldstärkenverteilungen anhand der Kenntnis der räumlichen Stromverteilungen. Meistens wird das Gesetz als Beziehung zwischen der magnetischen Flussdichte und der elektrischen Stromdichte behandelt.

schneidet ein homogenes Geschwindigkeits-Vektorfeld mit unterschiedlichen Anströmwinkeln, aus denen variable Zirkulationen gewonnen werden. Die Einzelheiten hierzu klären wir später.

(2) Es gelingt ferner die Induktionswirkung eines infinitisimal kleinen Stücks des Wirbelfadens und damit ein beliebig positioniertes Wirbelfadenelement in der Ebene zu ermitteln. Die Berechnung reduziert sich auf rein geometrische Beziehungen immer dann, wenn (aus irgendeinem freundlichen Grund) die Zirkulation am Quellpunkt Q bekannt ist. Diesen Schritt haben wir ganz am Anfang schon getan. Auf die Beschreibung des Wechselwirkungsgeschehens in der (x,y)-Ebene setzen nun eine ganze Reihe hochinteressanter Untersuchungen auf. Unsere Fragestellung ist aber ein klein wenig komplizierter einfach deshalb, weil wir uns für die induzierte Geschwindigkeit interessieren, die senkrecht auf der (x,y)-Ebene steht. Warum ist das so? Die Idee der Wirbelschleifen-Phänomenologie ist ja, dass eine dem Biot-Savart'schen Gesetz in der Elektrotechnik analoge Konzentration der fluidmechanischen Stromlinien simuliert werden soll. Und die Darstellung dieser komplizierten Strömungswirklichkeit ist nun eben einmal räumliche Aufgabe.

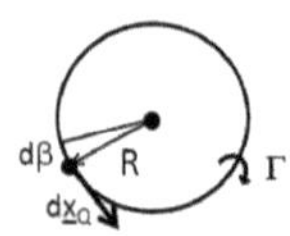

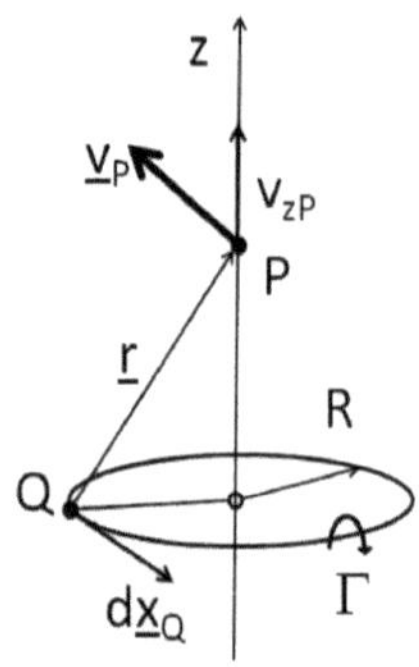

Wir haben oben die Wirbelspule Wirbelschleife postuliert und sind davon ausgegangen, dass man sich ein spulenförmiges Wirbelgebilde aus etlichen, nacheinander generierten Wirbelschleifen (Vortex-Loops) zusammengesetzt aufgebaut und idealisiert denken darf. Jede ideale Schleife sei außerdem eine geschlossene Kreisbahn. Von der Wirbelschleife erwarten wir die Konditionierung der Strömungswirklichkeit in ihrer Umgebung.

Ganz konkret: Gesucht ist die in der Achse des Ringwirbels induzierte Geschwindigkeit. Auf der Achse des Ringwirbels sind aus Symmetriegründen nur die Z-Komponenten des Vektors $\{v_{xP}, v_{yP}, v_{zP}\}$ der induzierten Geschwindigkeit $\underline{v}$ ungleich Null. Das ist eine wichtige Eigenschaft der Strömung in einer fluidmechanischen Wirbel-schleife.

Die von einem Wirbelfadenelement an einem beliebigen Aufpunkt im Strömungsfeld induzierte Geschwindigkeit $\underline{v}$ ist proportional der Wirbelstärke Ω und dem Volumen des Wirbelfadenelements also:

$$dv \sim \Omega \, dV$$

Die Richtung der induzierten Geschwindigkeit $\underline{v}$ steht senkrecht auf den Vektoren $\underline{\Omega}$ und $\underline{r}$

$$dv \sim \underline{\Omega} \times \underline{r}$$

Für einen Volumenstrom durch eine beliebige Fläche gilt immer $V=\int \underline{v} \, d\underline{A}$ und längs einer beliebigen geschlossenen Kurve gilt $\Gamma = \int \underline{\Omega} \, d\underline{A}$.

$$\Gamma = \int \underline{v} \, dx = \int \underline{\Omega} \, d\underline{A}$$

Die Geschwindigkeit, die ein Element des Ringwirbelfadens im Aufpunkt P induziert, ist gegeben mit

$$d\underline{v}(x_P,t) = (\Gamma/4\cdot\pi)\,(d\underline{x}_Q \times \underline{r}) / r^3$$

$$\underline{v}(x_P,t) = (\Gamma/4\cdot\pi)\,\int (d\underline{x}_Q \times \underline{r}) / r^3$$

Der Beitrag dieser Geschwindigkeit zur Z-Komponente v_{zP} des Geschwindigkeitsvektors $\underline{v}$ ist:

$$dv_{zP} = dv \cdot \cos(a)$$

mit $\cos(a) = R / (R^2 + z^2)^{1/2}$ ist die Z-Komponente v_{zP} des Geschwindig-keitsvektors:

$$v_{zP} = dv \cdot \cos(a) \quad = \quad (\Gamma/4\cdot\pi)\cdot\ (R / (R^2 + z^2)^{1/2})\cdot\ (d\underline{x}_Q \times \underline{r}) / r^3$$

mit $(d\underline{x}_Q \times \underline{r}) = r \cdot d\underline{x}_Q$ und $d\underline{x}_Q = R \cdot d\beta$ und $r = (R^2 + z^2)^{1/2}$ und der Integration über die Kreislinie $\{0 .. 2\pi\}$ folgt:

$$v_{zP} = (\Gamma/2)\cdot\ (R^2 / (R^2 + z^2)^{3/2})$$

Damit ist eine Quantifizierung der von (einer Windung) einer idealisierten Wirbelschleife ausgehenden Geschwindigkeitsinduktion gegeben.
Die Kreislinie der Ebene des Radius R sei eine Windung einer Wirbelschleifenmodells. Untersuchen wir nun den besonderen, wenn auch stark idealisierten Fall, dass der Aufpunkt $P(x_P, y_P, z_P)$ an dem die Geschwindigkeit v_{zP} induziert wird, in dieser Ebene liegt und damit die orthogonale Koordinate z=0 verschwindet. Wir dürfen das tun, weil dieser Punkt, wie jeder andere, Element des vom Ringwirbelfadens induzierten Geschwindigkeitsfeldes ist und in unserem Modell genau Element der Erzeugenden-Ebene ist. Für diesen besonderen Punkt vereinfacht sich der Term für die Z-Komponente v_{zP} des Geschwindigkeitsvektors.

$$v_{zP} = (\Gamma/2)\cdot\ (R^2 / (R^2)^{3/2})$$

$$\mathbf{v_{zP} = \Gamma/2R}$$

Und wieder betrachten wir unseren Fortschritt bei der Suche nach einer durch eine Wirbelschleife induzierte Geschwindigkeit im dreidimensionalen Raum. Zuerst beklagen wir die Anwesenheirt zahlreicher Vereinfachungen. Wie gerne hätte ich beobachtet, ausgehend von einem geraden Wirbelfaden, wie die durch diesen Wirbelfaden induzierte Geschwindigkeit weiter und weiter wächst, mit zunehmender Krümmung des Fadens, was in (zukünftigen) theoretischen Modellen zu untersuchen wäre. Dann endlich schließt sich der Wirbelfaden zu einer Schleife und wir beobachten, wie nach dem Gesetz von Biot und Savart die durch die induzierte Geschwindigkeit gekennzeichneten Strömung einen satten Masseschub liefert. Soweit das Wunschdenken. Von diesem Modell sind wir mindestens eine Untersuchungskampagne weit entfernt.

Immerhin finden wir folgendes Szenario vor: wir betrachten einen Wirbelfaden in der Ebene (x,y) und kennen die Intensität der Zirkulation Γ eben dort. Die Zirkulation kann entlang der Wirbelbahn variieren. Ihre Intensität ändert sich mit den Anströmbedingungen in der gekennzeichneten Ebene, der sie eintstammt: Γ ($\underline{vue}_x$, vue_y, c_L, t). Der Wirbelfaden bildet genau in dieser Ebene eine geschlossene Figur. Nach unseren vereinfachenden Annahmen ist diese Figur annähernd ein Kreis, oder ein Kreis mit dem Radius R. Die Mittelpunktachse dieses Kreises sei die Z-Achse in unserem Koordinatensystem. Auf dieser Achse und nur dort berechnen wir eine vom Wirbelfade induzierte Geschwindigkeit $\underline{v}$i. Ausser einer kreisförmigen Wirbelspur gibt das Modell Ergebnisse her für eine eine beliebige Orbitalkurve in der Ebene, wenn die Kurve mit einem Vektor $\underline{r}$ beschrieben werden kann. Dies ist im Fall einer Ellipse besonders einfach, wenn hier der Kreis als ein spezieller Ausnahmefall einer Ellipse mit a=b=r angesehen wird. Der hier weiter verfolgte fall ist aber der Kreis. Für diesen Fall und in Kenntnis der varianten Zirkulation G ist die Induzierte Geschwindigkeit, bzw ihre Komponente in der Z-Achse und (nur) genau auf einer synthetischen Höhe der (x,y)-Ebene gegeben mit: $v_{zP} = \Gamma/2R$.

Strömungsmechanik zum Nachlesen: Potentialtheorie

Erinnern wir zuerst an die Erhaltungssätze zur Navier-Stokesschen Gleichung

Massenerhaltung

Die zeitliche Ändertung der Masse in einem materiellen Volumen ist Null.

$0= d/dt \ {}_V\int \rho(\underline{x},t)\, dV$ (materiell)

$\mathrm{div}\, \underline{c} = 0$ (differentiell)

$\rho_2\, c_2\, A_2 = \rho_1\, c_1\, A_1 = 0$ (Stromfaden)

Impulserhaltung

Die zeitliche Änderung des Impulses in einem materiellen Volumen is gleich den von aussen angreifenden Kräften

$d/dt \ {}_V\int \rho\underline{c}\, dV = {}_V\int \rho\underline{f}\, dV + {}_0\int \sigma\, dA$ (materiell)

$\rho\, Dc/Dt = \rho\, f - \mathrm{grad}\, p + \eta\, dc$ (differentiell)

$c^2/2 + g\, z + p/\rho = \mathrm{const}$ (Stromfaden)

Energieerhaltung

Die zeitliche Änderung der Energie in einem materiellen Volumen ist gleich der durch die äußeren Kräfte verursachten Leistungen und der Wärmezufuhr.

$d/dt \ {}_V\int \rho(\underline{u} + c^2/2)\ dV =$

$\int c\, \rho\underline{f}\, dV + {}_0\int c\, \sigma\, dA + \int \rho\, w\, dV - {}_0\int q\, dA$ (materiell)

$h + c^2/2 + g\, z = \mathrm{const}$ (Stromfaden)

Zur Potentialtheorie

Bei ebenen und Wirbelfreien Strömungen lässt sich das Vektorfeld der Geschwindigkeit aus dem Skalarfeld herleiten. Dieses Skalarfeld sind die Potentialströmungen. Die Fluide sollen inkompressibel sein. Klären wir zuerst einige kinematische Begriffe; die Stromlinie, das Geschwindigkeitsfeld, die Wirbelstärke Ω und die Zirkulation Γ.

Die Rotation der Geschwindigkeit ist die Wirbelstärke Ω. Es sei: $\underline{\Omega} = \text{rot}\ \underline{c}$

Bei Potentialströmungen verschwindet die Wirbelstärke überall; die Strömung ist dann wirbelfrei.
Bei wirbelbehafteten oder Wirbelströmungen ist die Wirbelstärke von Null verschieden. Dort besitzt die Geschwindigkeit $\underline{c}$ und die Wirbelstärke $\underline{\Omega}$ ein Vektorfeld.
Im Zusammenhang mit dem Geschwindigkeitsfeld $c(\underline{x},t)$ taucht der Begriff der Stromlinie auf. Stromlinien sind eine Schar von Kurven, die das Geschwindigkeitsfeld veranschaulichen. Da ein Ort in einem Geschwindigkeitsfeld nicht zwei Geschwindigkeiten zugewiesen werden kann, schneiden sich zwei Stromlinien nie, es sei denn die Geschwindigkeit ist an eoinem (singulären) Punkt gleich Null. Stromlinien tangieren den Geschwindigkeitsvektor; sie weisen in die Richtung der Geschwindigkeit. Wenn Kontinuität herrscht und das ist natürlich hier der Fall, ist die Stromlinie eine sehr anschauliche Metapher für die Strömungswirklichkeit um einen Körper in der Art, dass sie die Tangenten der vektoriellen Hauptströmungsrichtung graphisch darstellt. In stationären Strömungen repräsentieren die Stromlinien die Teilchenbahnen. Die Elemente der Stromlinien $d\underline{x}$ sind in jedem Punkt zum Geschwindigkeitsvektor $\underline{c}$ parallel, das bedeutet, dass das Vektorprodukt $(\underline{c} \times d\underline{x})$ verschwindet. Auf diese Weise lernen wir die lokalen Geschwindigkeits-Komponenten u,v,w kennen.

$\underline{c} \times d\underline{x} = 0$ des weiteren $dx/u = dy/v = dz/w$

Wenn das Geschwindigkeitsfeld $c(\underline{x},t)$ gegeben ist, kann man die Stromlinien durch Integration aus Differentialgleichungen berechnen. Für ein konstantes x_0 und t_0 lautet die vektorielle Differentialgleichung des Geschwindigkeitsfeldes: $d\underline{x}/dt = \underline{c}(\underline{x}(t),t)$.

Ändert sich die Richtung der Geschwindigkeitsvektoren mit der Zeit, so ändert sich der Verlauf der Stromlinien ebenfalls. An anderer Stelle werden wir Stromlinien von Bahnlinien und Streichlinien unterscheiden sowie Stromröhre. So wie es im Geschwindigkeitsfeld eine Stromlinie gibt, ist im Wirbelfeld eine Wirbellinie definiert. Eine Wirbellinie ist eine Kurve, die in jedem Punkt den Vektor der Wirbelstärke tangiert.

Die Zirkulation Γ ist das Kurvenintegral längs einer geschlossenen Kurve im Strömungsfeld (genau genommen die Zirkulation längs dieser Kurve). Die Zirkulation ist ein Maß für die Wirbelstärke in dem von diesem Weg umschlossenen Gebiet. Der Begriff wird in der Vektoranalysis, in der Strömungslehre und in der Elektrodynamik benutzt. Die Zirkulation kommt insbesondere im Satz von Stokes[4] vor, der eine zentrale Rolle in der Elektrodynamik

[4] Der Satz von Stokes oder stokessche Integralsatz ist ein nach Sir George Gabriel Stokes benannter Satz aus der Differentialgeometrie. Es geht darum, n-dimensionale Volumenintegrale über das Innere in (n-1)-dimensionale Randintegrale über die Oberfläche des Volumenstücks umzuwandeln. Problem dabei: Häufig werden nur

spielt.[5] Wenn das Vektorfeld in einer Ebene liegt, dann können die Eigenschaften komplexer Funktionen ausgenutzt werden[6]. Dazu wird das Vektorfeld als komplexe Funktion aufgefasst, deren Real- und Imaginärteile die Komponenten des Vektorfeldes sind, dessen Ebene als Gauß'sche Zahlenebene modelliert wird, in der die komplexe Zahl z einen Punkt markiert. Die komplexe Zirkulation ist dann das komplexe Kurvenintegral der komplexen Funktion längs einer Kurve in der Ebene. Kommen wir zurück zur Zirkulation Γ als Kurvenintegral $_{o}\int$ längs einer geschlossenen Kurve im Strömungsfeld.

Zirkulation $\Gamma = {}_{o}\int \underline{c}\, d\underline{x}$

Die Idee des Satzes von Stokes ist die (mathematische) Umwandlung eines Flächenintegrals in ein Integral über eine geschlossene Kurve um dieses flächige Gebiet. Auf diese Art (mit dem Satz von Stokes) ist das Flächenintegral der Wirbelstärke über die Fläche A gleich der Zirkulation Γ längs einer geschlossenen Kurve $_{o}\int$ im Strömungsfeld. Bedeutsam ist noch der Volumenstrom <u>durch</u> dieses flächige Gebiet ebendort.

Zirkulation $\Gamma = {}_{o}\int \underline{c}\, d\underline{x} = \int \underline{\Omega}\, d\underline{A}$
Volumenstrom $dV = = \int \underline{c}\, d\underline{A}$

Vielleicht noch eine Anmerkung zur Wirbelstärke in diesem Zusammenhang. Das Flächenintegral über die Wirbelstärke also: $\Gamma=\int \underline{\Omega}\, d\underline{A}$ ist eine elementare Darstellung der Zirkulation (und ich füge hinzu: mit ihrer für mich merkwürdigen Dimension $[m^2/s]$). Intuitiv stellt man sich einen Wirbel als eine Strömung vor, deren Stromlinien konzentrische Kreise sind. Mit diesem Bild eines Wirbels hat die Wirbelstärke nichts zu tun; so bewegt sich beispielsweise die Strömung um einen rotierenden Zylinder auf konzentrischen Kreisen, ist selbst aber wirbelfrei.
Kommen wir in der Vorbereitung der Potentialströmungen zu einem weiteren wichtigen Begriff, der Stromfunktion. Wir haben oben den Geschwindigkeitsvektor betrachtet unter der Annahme, dass sich der Geschwindigkeitsvektor $c(\underline{x},t)$ aus einem Skalar ableiten lässt. Dieser Skalar ist die Stromfunktion ψ. Die Stromfunktion ist nicht ganz leicht zu verstehen, aber nach ihrer Einführung veranschaulichen sich die Begrifflichkeiten für ebene Strömungen. Eine Strömung heißt eben, wenn eine der drei kartesischen Koordinaten Null ist und die beiden anderen Koordinaten von der dritten nicht abhängen. In dieser Ebene vereinfacht sich der Geschwindigkeitsvektor $\underline{c} = (u,v,0)$ an einer Stelle und zu einem Zeitpunkt:

Geschwindigkeitsvektor für ebene Strömung: $\underline{c} = (\ \underline{u}(x,y,t)\ \ \underline{v}(x,y,t),\ 0)$

---

spezielle Varianten des allgemeinen Satzes betrachtet, aus denen das allgemeine Prinzip mehr oder minder gut ersichtlich ist.

[5] Die Zirkulation ist das Umlaufintegral eines Vektorfeldes über einen geschlossenen Weg. Bei Strömungen ist sie ein Maß für die Wirbelstärke in dem vom Weg umschlossenen Gebiet. https://de.wikipedia.org/wiki/Zirkulation_(Feldtheorie).

[6] Der klassische Integralsatz von Stokes ist auch als Satz von Kelvin-Stokes oder Rotationssatz bekannt. Er findet bei Physikern und Elektrotechnikern Anwendung vor allem im Zusammenhang mit den Maxwell'schen Gleichungen. Er besagt, dass ein Flächenintegral über die Rotation eines Vektorfeldes in ein geschlossenes Kurvenintegral über die Tangentialkomponente des Vektorfeldes umgewandelt werden kann. Dies ist hilfreich, da das Kurvenintegral das Vektorfeld allein enthält und in der Regel einfacher zu berechnen ist als Flächenintegrale, zumal dann, wenn die betrachtete Fläche gekrümmt ist.

Die Kontinuitätsgleichung in differentieller Form lautet für jede der drei Raumkomponenten: $dc_i/dx_i = 0$. Wir können auch schreiben div $\underline{c} = 0$; dies bedeutet dann in der Ebene:

Die Kontinuitätsgleichung in der Ebene: $(\delta u/ \delta x) + (\delta v/ \delta y) = 0$

Wir führen jetzt die oben benannte skalare Funktion ein, die Stromfunktion ψ. Zunächst kennen wir die lokalen (nach wahl des Koordinatensystems: vertikalen und die horizontalen) Komponenten des Geschwindigkeitsvektors $\underline{c}$ der ebenen Strömung, also $\underline{u}(x,y,t)$ und $\underline{v}(x,y,t)$. Diese Komponenten sind natürlich selbst Geschwindigkeiten. Wir behaupten nun, dass wir diese Geschwindigkeiten als die Ableitungen einer (gemeinsamen) skalaren Funktion schreiben können, der Stromfunktion ψ. In einem komplizieten Strömungsfeld ist es sehr komfortabel, solch eine Funktion ψ zu besitzen. Zunächst ergibt die Einführung einer neuen abstrakten Funktion keinen direkten Sinn. Zugegebenermassen. Mehr noch: in Wirklichkeit führen wir zwei abstrakte Funktionen ein: die Stromfunktion und das Potential. Aber der Reihe nach.
Mit der Stromfunktion ψ werden wir gleich im Anschluss etliche Strömungsphänomene sehr elegant beschreiben können. Wir schreiben nun für die lokalen Geschwindigkeitskomponenten u und v an einer beliebigen Stelle im Feld und untersuchen weiter, was mit dem Volumenstrom und der Wirbelstärke in der Ebene passiert. Doch zunächst eine Definition. Wir sehen zunächst :

Geschwindigkeitskomponenten: $u = (\delta\psi / \delta y)$ und $v = -(\delta\psi / \delta x)$

Diese Darstellung wird in den Lehrbüchern als Definition der Stromfunktion angegeben. Als Ingenieur macht man aber bei Unbekanntem immer erst mal einen Plausibilitäts-Chek mit den Einheiten. Aha, das funktioniert aber nicht, es sei denn, die Stromfunktion hätte die gleiche Einheit wie die Zirkulation Γ; kann das überhaupt sein?

Die Ableitung der Kurven der Stromfunktion ψ stellen die Stromlinien der ebenen Strömung dar; wir sprachen dieserart oben über Stromlinien. Ausserdem ist die Stromfunktion ihrerseits vom Ort und der Zeit abhängig: $\psi(x,y,t)$; das ist ganz einfach zu verstehen immer dann, wenn wir uns eine Wetterkarte vorstellen und dort die Stromlinien verfolgen. Die Stromfunktion stellt quasi den Zusammenhang der beiden lokalen Geschwindigkeitskomponenten her. Sind die Kurven der Stromfunktion konstant, also: $\psi(x,y,t_0) = \text{const.}$ Stellen sie die Stromlinien genau zum Zeitpunkt $t=t_0$ da.

Definition der Stromfunktion[7] für $t=t_0$: $\delta\psi = (\delta\psi/ \delta x)\, dx + (\delta\psi / \delta y)\, dy = -v\, dx + u\, dy$

Für wirbelfreie Strömungen kann der Geschwindigkeitsvektor noch durch einen anderen Skalar beschrieben werden, der Potentialfunktion. In wirbelfreien Strömungen verschwindet die Wirbelstärke. Diese wiederum ist die Rotation der Geschwindigkeit, also $\underline{\Omega} = \text{rot}\, \underline{c} = 0$.

---

[7] Weil gilt: Geschwindigkeitskomponenten: $u = (\delta\psi / \delta y)$ und $v = -(\delta\psi / \delta x)$

An dieser Stelle verwendet die Theorie einen Trick. Die vektorielle Strömungsgeschwindigkeit $\underline{c}$ soll sich als Gradient unserer neu eingeführten Funktion aufschreiben lassen, dem Geschwindigkeitspotential. Es besteht also der Zusammenhang:

Strömungsgeschwindigkeit, wenn rotorfrei rot $\underline{c}=0$, also: $\underline{c} = \text{grad}\,\Phi$

Eine Komponente i der Strömungsgeschwindigkeit $\underline{c}$: $c_i = (\delta\Phi / \delta x_i)$

Wirbelstärke $(\delta v / \delta x) - (\delta u / \delta y) = \underline{\Omega}$ folgt: $\underline{\Omega} = \Delta\,\psi$

Natürlich sind Stromfunktion und Geschwindigkeitspotential zuerst ein abstraktes Konstrukt. Es ergeben sich aber erste Zusammenhänge, die ich hier noch einmal zusammenfasse:

Stromfunktion: $u = (\delta\psi / \delta y)$ und $v = -(\delta\psi / \delta x)$

Aus der Wirbelstärke: $(\delta^2\psi / \delta y^2) + (\delta^2\psi / \delta x^2) = 0$

Geschwindigkeitspotential: $u = (\delta\Phi / \delta x)$ und $v = (\delta\Phi / \delta y)$

Aus der Kontinuitätsgleichung: $(\delta^2\Phi / \delta x^2) + (\delta^2\Phi / \delta y^2) = 0$ und $\Delta\Phi = 0$

Der unmittelbare Zusammenhang von Stromfunktion und Geschwindigkeitspotential:

$$(\delta\Phi / \delta x) = (\delta\psi / \delta y)$$
$$(\delta\Phi / \delta y) = -(\delta\psi / \delta x)$$

Orthogonalitätsrelation: $\text{grad}\,\Phi \;\; \text{grad}\,\psi = 0$

Zur Berechnung der Stromfunktion und des Geschwindigkeitspotentials wird – mit einem Seitenblick auf die Feldtheorie mit der speziellen Ausführung der Elektrodynamik - die zweidimensionale Betrachtungsebene als komplexe Zahlenebene aufgefasst. Ich übernehme wie schon in den obigen Ausführungen die Nomenklatur des Lehrbuches von Schade und Kunz[8]

Stellt man den Wert eines Potentials als Realteil einer Funktion W da, wird man schreiben:

$$W(z) = \Phi(x,y) + i\,\Psi(x,y) \qquad \text{mit } z = x + i\,y$$

Die Idee dieser Schreibweise ist aber weniger Stromfunktion und Geschwindigkeitspotential als komplexes Potential dazustellen, als vielmehr umgekehrt, jede komplexe Funktion als Stromfunktion und Geschwindigkeitspotential zu betrachten. Dabei ist es (in der Strömungsmechanik) üblich, einerseits den Realteil der komplexen Funktion W als

[8] Schade, H. (2013) Strömungslehre. De Gruyter Verlag. ISBN-13: 978-3110292213

Geschwindigkeitspotential zu betrachten, andererseits Imaginärteil als die Stromfunktion zu identifizieren.

Für die Ableitung[9] $\delta W/\delta x$ der komplexen Funktion lässt sich zeigen: $\delta W/\delta x = dW/dz$.

$$\delta W/\delta x = \delta\Phi/\delta x + i\ \delta\Psi/\delta x = u - i\,v$$
$$dW/dz = u(x,y) - i\,v(x,y)$$

Dies liefert das interessante Ergebnis, dass die Ableitung der analytischen Funktion W(z) die Koordinaten der lokalen Geschwindigkeit liefert; dort ist $c = (u^2 + v^2)^{1/2} = ((u + i\,v)\ (u - i\,v))^{1/2}$.

Untersuchung eines Potentialwirbels

Versuchen wir zuerst das handwerkliche derartiger Untersuchungen zu verstehen. Von der komplexen Funktion W wissen wir bereits, dass sie am Ende der Bemühungen als Geschwindigkeitspotential und Stromfunktion zu interpretieren ist.

$$W(z) = \Phi(x,y) + i\,\Psi(x,y) \qquad \text{mit } z = x + i\,y$$

Beginnen wir mit einer ebenen Parallelströmung. Sie soll sich irgendwie durch das Koordinatensystem bewegen. Intuitiv wählen wir einen uns sympathischen Ansatz mit der wohlbekannten Geradengleichung der Form: W = F(z) = a m + b. Aber irgendwo muss ja der komplexe Anteil verborgen sein, so dass eine exponentielle Form näher liegt.

$W(z) = a\,e^{-i\alpha}\,z + b.$
$W(z) = a(\cos\alpha - i\ \sin\alpha)\ (x + iy) + b$
$W(z) = a(\cos\alpha + y\sin\alpha) + b + i\,a\,(y\cos\alpha - x\sin\alpha)$
$W(z) = a(\cos\alpha + y\sin\alpha) + b\ +$ *Realteil* $\Phi(x,y)$
$i\ \ a\,(y\cos\alpha - x\sin\alpha)$ *Imaginärteil:* $i\,\Psi(x,y)$

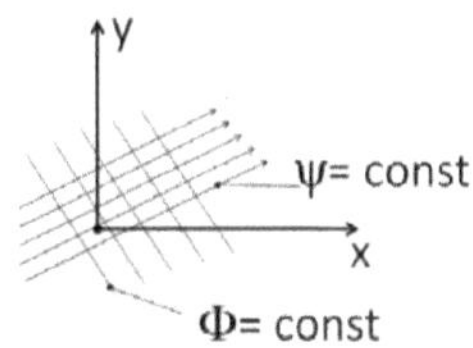

Die Geradengleichung der Funktion $F(z)= a\,e^{-i\alpha}\,z + b$ liefert ein orthogonales Gitter in der x-y-Ebene. Die Stromlinien $\Psi(x,y)$=const sind Geraden mit dem Winkel a gegenüber der x-Achse. Die Potentiallinien $\Phi(x,y)$ =const stehen senkrecht auf den Stromlinien. Der große Vorteil der potentialtheoretischen Betrachtung ist die per Definition konstatierte Superponierbarkeit der Lösungen, z.B. der berechneten Geschwindigkeitskomponenten. Wir haben oben gesehen, dass die Ableitung des komplexen Potentials $(dW(x,y)/dz)=u+iv$ die lokalen Komponenten u und v der Geschwindigkeiten liefert. Die Zuordnung des Real- und des Imaginärteil folgt der (vorher festgelegten und dann weitergeltenden) Konvention ist aber prinzipiell beliebig.

Lokale Geschwindigkeitskomponenten $dW/dz = u(x,y) - i\,v(x,y) = \delta W/\delta x = \delta\Phi/\delta x + i\,\delta\Psi/\delta x$

[9] Für $\delta W/\delta x$ der komplexen Funktion nach der Kettenregel: $\delta W/\delta x = (dW/dz)(\delta z/\delta x) = dW/dz$.

Es wird nun das komplexe Potential der Geradenform abgeleitet.

$$cv = dW/dz = d(a(\cos\alpha + y \sin\alpha) + b + i\ a\ (y \cos\alpha - x \sin\alpha)\ /dz$$
$$cv = dW/dz = a\ e^{-i\alpha} = a \cos\alpha + i\ a \sin\alpha = u - i\ v$$

die lokale Geschwindigkeit $c = (u^2 + v^2)^{1/2} = a$

Die Konstante a in der Geradenform F(z) = a m+b stellt also genau den Betrag der Geschwindigkeit c in der Parallelströmung dar. Die additive Konstante b im komplexen Potential hat keine Wirkung auf das Geschwindigkeitsfeld. Die Richtung der Stromlinien in der x-y-Ebene kann aus den Vorzeichen der Geschwindigkeitskomponenten u und v ermittelt werden, oder aus dem Phänomen, dass auf jeder Stromlinie die Geschwindigkeit in jene Richtung weist, in der der Wert des Geschwindigkeitspotentials längs der Stromlinie zunimmt. Das kennen wir ja aus der täglichen Beobachtung, dass Fluide den Zustand der geringsten inneren Energie annehmen, in dieser Weise sich konservativ verhalten und gerne bergab fließen.
Wir sind nun in der Lage, die oben angesetzte Argumentation der Simulation der eingängigen Wirbelschleife über das Biot-Savart'sche Gesetz mit der Sichtweise der Potentialtheorie respektive des komplexen Potentials zu beleuchten.

Für einen Potentialwirbel ist in der Literatur das komplexe Potential $W(z) = -i\ B\ \ln(z/a)$ etabliert mit den Konstanten a und B. Der konzentrische Ansatz für $z = r\ e^{i\upsilon}$ liefert das komplexe Potential W:

Komplexes Potential $W(z) = -i\ B \ln(z/a) = W = -i\ B \ln(\ (r\ e^{i\upsilon})/a\ ) = +B\upsilon + i\ (-B \ln(r/a))$

W(z) =	$B\upsilon$	+	*Realteil*	$\Phi(x,y)$
	$i\ (-B \ln(r/a))$		*Imaginärteil:*	$i\ \Psi(x,y)$

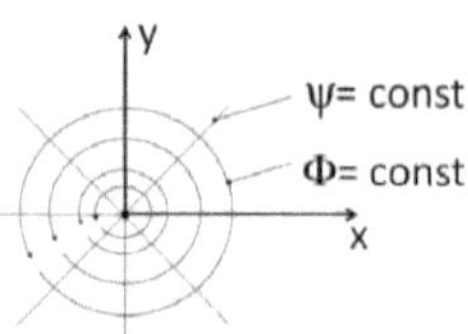

In der x-y-Ebene um den Ursprung r= 0 sind die Stromlinien Ψ =const konzentrische Kreise und die Potentialfunktion Φ=const Strahlen von ebendort. Der Divisor a=1 ist nur eine mathematische Hilfskonstante.

Um die lokalen Geschwindigkeitskomponenten von $\underline{c} = (u,v)$ im Strömungsfeld zu ermitteln leiten wir das komplexe Potential ab: $dW/dz = u(x,y) - i\ v(x,y)$.

Ableitung des komplexen Potentials W:
Geschwindigkeit $u - i\ v = dW/dz = (-i\ B/z) = (-i\ B) / (r\ e^{i\upsilon}) = (-B/r) \sin\upsilon - i\ (-B/r) \cos\upsilon$

$(-B/r) \sin\upsilon$	+	*Realteil*	u
$-i\ (-B/r) \cos\upsilon$		*Imaginärteil*	i v

Die lokale vektorielle Geschwindigkeit $\underline{c} = (u^2+v^2)^{1/2} = (B/r)$ der Strömung in einem Potentialwirbel hat nur eine Umfangskomponente. Die schematische Skizze zeigt die

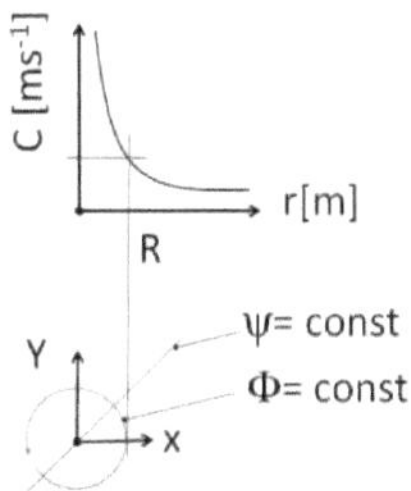

Zusammenhänge der lokalen Geschwindigkeit in der x-y-Ebene, der Potentialfunktion Φ=const und den einer Stromlinie Ψ=const.
In unserem Zusammenhang ist die Zirkulation Γ die antreibende Größe für den Beitrag der Induktionswirkung der Wirbelschleife zu einer (induzierten) Geschwindigkeit in einem Aufpunkt.
Auf einem Kreis ist ein kleines Wegstück $dx=Rd\upsilon$. Für die Zirkulation entlang eines vollen Kreises 2π mit dem Radius r=R kennen wir das Ringintegral $_0\int \underline{c}\, d\underline{x} = \Gamma$ beziehungsweise in Zylinderkoordinaten:

Zirkulation entlang eines Kreises $\Gamma = {}_0\int \underline{c}\, d\underline{x} = \Gamma = {}_0\int^{2\pi} (B/R)\, d\upsilon = (B/R)R\, 2\pi = 2\pi B$

Die Zirkulation ist (erstaunlicherweise) konstant und damit unabhängig von einem Radius R des Kreises. Daraus kann man herleiten, dass ein Wirbelfaden mit der Zirkulation G das komplexe Strömungspotential W hat:

$$W(z) = -(i\,\Gamma / 2\pi) \ln (z - z_0) /a.$$
$$W(z) = -(i\,\Gamma / 2\pi) \ln (z - z_0)$$

Für Zirkulationen $\Gamma > 0$ ist der Drehsinn des Wirbelfadens mathematisch positive, und für $\Gamma < 0$ ist der Drehsinn des Wirbelfadens mathematisch negativ. Der konstante Divisor a=1 dient nur der Dimensionierung. Wir kommen zu dem interessanten Ergebnis, dass im Konzept der Potentialtheorie die Zirkulation für einen beliebigen Kreis um den Ursprung nicht verschwindet (weil sie unabhängig vom Radius R ist) und somit ein Potentialwirbel inmitten einer ansonsten wirbelfreien Strömung existieren kann.
Wieder sollen uns die Geschwindigkeitskomponenten interessieren und wieder gehen wir den Weg über die Ableitung des komplexen Potentials; mit dem Unterschied, dass hier die Zirkulation in der Form steht:

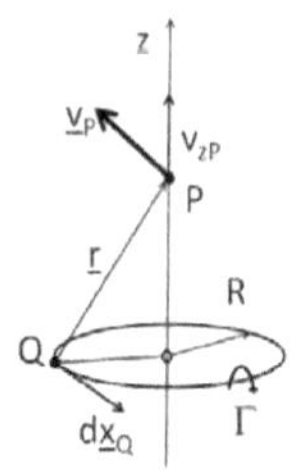

Ableitung des komplexen Potentials W führt auf die Komponenten der lokalen Geschwindigkeit $u - i\,v = dW/dz$, somit:

Die Komponenten
$$u - i\,v = dW/dz = d(-(i\,\Gamma / 2\pi) \ln (z - z_0) / dz.$$
$$u - i\,v = -(i\,\Gamma / 2\pi)\ \ 1 / (z_P - z_Q)$$
$$u - i\,v = -(i\,\Gamma / 2\pi)\ \ 1 / ((x_P - x_Q) + i\,(y_P - y_Q))$$
$$u - i\,v = -(i\,\Gamma / 2\pi)\ \ ((x_P - x_Q) - i\,(y_P - y_Q)) / ((x_P - x_Q)^2 + i\,(y_P - y_Q)^2)$$

Mit $\underline{c} = u + i\,v$ führt das Trennen des Real- vom Imaginärteil auf die Komponenten:

Geschwindigkeitskomponenten
$$u = -(\Gamma/2\pi)\ \ (-i\,(y_P - y_Q)) / ((x_P - x_Q)^2 + i\,(y_P - y_Q)^2)$$
$$v = -(\Gamma/2\pi)\ \ (i\,(x_P - x_Q)) / ((x_P - x_Q)^2 + i\,(y_P - y_Q)^2)$$

Dies bestätigt den Ansatz für die vektorielle induzierte Geschwindigkeit $\underline{v}_i$ in einem Aufpunkt P nach dem Ansatz über das Biot-Savart'sche Gesetz für die horizontale x-Komponente $u=v_{iH}$ und die vertikale y-Komponente $v=v_{iV}$.

Michel Felgenhauer Berlin 2019

Bibliographie, Quellen und weiterführende Literatur

[Abbo-59] Ira H. Abbott, Albert E. von Doenhoff: Theory of Wing Sections: Including a Summary of Airfoil Data.
Dover Publications, New York 1959.

[BaNe-98] Barthlott, W.; Neinhuis, C.: Lotusblumen und Autolacke – Ultrastruktur pflanzlicher Grenzflächen und biomimetische unverschmutzbare Werkstoffe. Biona Report 12, Schriftenreihe der Wissenschaften und der Literatur, Mainz. Gustav Fischer-Verlag, Stuttgart 1998.

[Bann-02] Bannasch, Rudolph. Vorbild Natur. In: design report 9/02, S.20ff. Blue. C Verlag Stuttgart: 2002.

[Bapp-99] Bappert, R. Bionik, Zukunftstechnik lernt von der Natur. SiemensForum München/Berlin und Landesmuseum für Technik und Arbeit in Mannheim (Herausgeber): 1999

[Bech-93] Bechert, D.W.: Verminderung des Strömungswiderstandes durch bionische Oberflächen. In: VDI-Technologieanalyse Bionik, S. 74 – 77. VDI-Technologiezentrum Düsseldorf 1993.

[Bech-97] Bechert, D.W., Biological Surfaces and their Technological Application. 28th AIAA Fluid Dynamics Conference: 1997

[Cal-84] Calder, W.A. (1984) Size, Function and Life History. Harvard University Press. Cambridge 431pp.

[Die 17-6] Dienst, Mi. (2017) Reihenuntersuchung zu elliptischen Profilkonturen für Leit- und Steuertragflächen. Zur Analyse der Strömungswirklichkeit von Surfboard-Finnen.
GRIN-Verlag GmbH München, ISBN(e-Book): 9783668390744, ISBN(Buch): 9783668390751.

[Die 17-4] Dienst, Mi. (2017) Superformance of Surfboard Fins. Bionik, Leistungsähnlichkeit und affine Skalierung. GRIN-Verlag GmbH München, ISBN(e-Book): 9783668377141, ISBN(Buch): 9783668377158

[Die 17-3] Dienst, Mi. (2017) Performance und Downsizing von Surfboardfinnen. Beitrag zur Phänomenologie und Strömungswirklichkeit. GRIN-Verlag GmbH München, ISBN(e-Book): 9783668374881, ISBN(Buch): 9783668374898

[Die 17-1] Dienst, Mi. (2017) Zur numerischen Analyse einer Laborfinne. Mittelschnittverfahren und Manövrierleistung. GRIN-Verlag GmbH München, ISBN(e-Book): 9783668374188, ISBN(Buch): 9783668374195.

[Die15-7] Dienst, Mi. (2015) Dossier über die Forschung der BIONIC RESEARCH UNIT der Beuth Hochschule für Technik Berlin, GRIN-Verlag GmbH München,
ISBN (e-Book): 978-3-668-02183-9, ISBN (Buch) 978-3-668-02184-6.

[Die13-3] Dienst, Mi.(2013) Reihenuntersuchung zu Profilkonturen für Leit- und Steuerflächen von Seefahrzeugen. Datenreihe ERpL2050. GRIN-Verlag GmbH München, ISBN 978-3-656-47215-5

[Die11-4] Dienst, Mi.(2011) Methoden in der Bionik. Die Reynoldsbasierte Fluidische Fitness. GRIN-Verlag GmbH München.

[Die09-4] Dienst, Mi.(2009) Physical Modelling driven Bionics. GRIN-Verlag München.

[DUB-95] Dubbel, Handbuch des Maschinenbaus, Springer Verlag Berlin, 15.Auflage 1995.

[Eppl-90] Richard Eppler: Airfoil Design and Data. Springer, Berlin, New York 1990.

[Fli-02] Flindt, R. (2002) Biologie in Zahlen Berlin: Spektrum Akademischer Verl.

[Fren-94] French, M.: Invention and Evolution: design in nature and engineering. Cambridge University Press. Cambridge 1994.

[Fren-99] French, M.: Conceptual Design for Engineers. Berlin, Heidelberg, New York, London, Paris, Tokio: Springer: 1999

[Gel-10] Produktinformation, 05 2010, GELITA 69412 Eberbach. www.gelita.com

[Guen-98] Günther, B., Morgado, E. (1998) Dimensional analysis and allometric equations concerning Cope's rule. Revista Chilena de Historia Natural 71: 331-335, 1989

[Gör-75] Görtler, H. Diemensionsanalyse. Berlin Springer 1975

[Gorr-17] Edgar Gorrell, S. Martin: Aerofoils and Aerofoil Structural Combinations. In: NACA Technical Report. Nr. 18, 1917.

[Guen-66] Günther, B., Leon, B. (1966) Theorie of biological Similarities, nondimensional Parameters and invariant Numbers. Bulletin of Mathematical Biophysics Volume 28, 1966.

[Gutm-89] Gutmann, W.: Die Evolution hydraulischer Konstruktionen. Verlag W. Kramer: Frankfurt am Main, 1989.

[Hüt-07] Hütte, 2007, 33. Auflage, Springer Verlag. S.E147

[Hux-32] Huxley, J.S. (1932) Problems of relative Growth. London: Methuen.

[Katz-01] Joseph Katz, Allen Plotkin (2001) Low-Speed Aerodynamics (Cambridge Aerospace Series) Cambridge University Press; 2 edition (February 5, 2001)

[Liao-03] Liao, J.C.; Beal, D.; Lauder, G.; Triantayllou, M. Fish Exploting Vortices Decrease Muscle Activty. In: Science 2003, S. 1566-1569. AAAS. 2003.

[Lech-14] Lecheler, S. (2014) Numerische Strömungsberechnung Springer Verlag Berlin Heidelberg. ISBN 978-3-658-05201-0

[Matt-97] Mattheck, C.: Design in der Natur. Rombach Verlag. Freiburg 1997.

[Mial-05] B. Mialon, M. Hepperle: "Flying Wing Aerodynamics Studies at ONERA and DLR", CEAS/KATnet Conference on Key Aerodynamic Technologies, 20.-22. Juni 2005, Bremen.

[Nac-01] Nachtigall, W. (2001) Biomechanik. Braunschweig: Vieweg Verlag.

[Nach-98] Nachtigall, W. : Bionik – Grundlagen und Beispiele für Ingenieure und Naturwissenschaftler. Springer-Verlag, Berlin-Heidelberg-New York 1998.

[Nach-00] Nachtigall, Werner; Blüchel, Kurt. Das große Buch der Bionik. Stuttgart: Deutsche Verlags Anstalt: 2000.

[Oert-11] Oertel jr., H., Böhle, M., Reviol, Th. (2011) Strömungsmechanik, Grundlagen. Springer Verlag Berlin Heidelberg. ISBN 978-3-8348-8110-6

[PaBe-93] Pahl. G.; Beitz, W.: Konstruktionslehre, 3.Auflage. Berlin- Heidelberg-New York-London-Paris-Tokio: Springer 1993

[Pflu-96] Pflumm, W. (1996) Biologie der Säugetiere. Berlin: Blackwell Wissenschaftsverlag.

[Rech-94] Rechenberg, Ingo. Evolutionsstrategie'94. Frommann-Holzoog Verlag. Stuttgart: 1994.

[Scha-13] Schade, H. (2013) Strömungslehre. De Gruyter Verlag. ISBN-13: 978-3110292213

[Schü-02] Schütt, P., Schuck, H-J., Stimm, B. (2002) Lexikon der Baum- und Straucharten. Nikol, Hamburg, ISBN 3-933203-53-8

[Tham-08] Siekmann, H.E., Thamsen, P. U. (2008) Strömungslehre Grundlagen, Springer Verlag Berlin Heidelberg. ISBN 978-3-540-73727-8

[Tho-59] Thompson, D'Arcy, W. (1959) On Growth and Form. London: Cambridge University Press. (Neuauflage der Originalschrift 1907)

[Tho-92] Thompson, D W., (1992). *On Growth and Form*. Dover reprint of 1942 2nd ed. (1st ed., 1917). ISBN 0-486-67135-6

[Tria-95] Triantafyllou, M.: Effizienter Flossenantrieb für Schwimmroboter. In: Spektrum der Wissenschaft 08-1995, S. 66–73. Spektrum der Wissenschaft-Verlagsgesellschaft mbH, Heidelberg 1995.

[Zie - 72] Zierep, J. (1972) Ähnlichkeitsgesetze und Modellregeln der Strömungslehre.

[Vos-15-2] M. Voß, H.-D. Kleinschrodt, M. Dienst: "Experimentelle und numerische Untersuchung der Fluid-Struktur-Interaktion flexibler Tragflügelprofile", Resarch Day 2015 - Stadt der Zukunft Tagungsband - 21.04.2015, Mensch und Buch Verlag Berlin, S. 180- 184, Hrsg.: M. Gross, S. von Klinski, Beuth Hochschule für Technik Berlin, September 2015, ISBN:978-3-86387-595-4.

[Vos-15-1] M. Voss, P.U. Thamsen, H.-D. Kleinschrodt, M. Dienst (2015): "Experimeltal and numerical investigation on fluid-structure-interaction of auto-adaptive flexible foils", Conference on Modelling Fluid Flow (CMFF'15), Budapest, Ungarn, 1.-4. September 2015, ISBN (Buch): 978-963-313-190-9.

[Vos-15-2] M. Voss, (2015) Experimentelle und numerische Untersuchung flexibler Tragflügelprofile. Dissertation, Technische Universität Berlin 2015.

[W-1] http://de.wikipedia.org/wiki/Profil (abgerufen 04042016)

[W-2] The Airfoil Investigation Database, http://www.worldofkrauss.com/foils/578 (abgerufen 04042016)

[W-3] UIUC Airfoil Coordinates Database, (abgerufen 04042016) http://www.ae.illinois.edu/m-selig/ads/coord_database.html